U0212687

文/图：[澳]沙利·摩根

译：刘羽

陕西新华出版传媒集团
未 来 出 版 社

　　日落之时，太阳要下山了，夜晚的脚步越来越近。星星在天上一闪一闪，眨着眼睛。

　　一只袋鼠跳来跳去，抬头对着月亮轻轻唱："咔咔——咔咔——"仿佛在说："月亮，你好！"

黄昏时分，天空变成了深蓝色，星星在天上一闪一闪，眨着眼睛。

　　两头狼站在月光下，鼻子对着月亮轻轻唱："嗷呜——嗷呜——"仿佛在说："月亮，你好！"

子夜来临，天空变得黑漆漆的，就像一块黑色的丝绒。星星在天上一闪一闪，眨着眼睛。

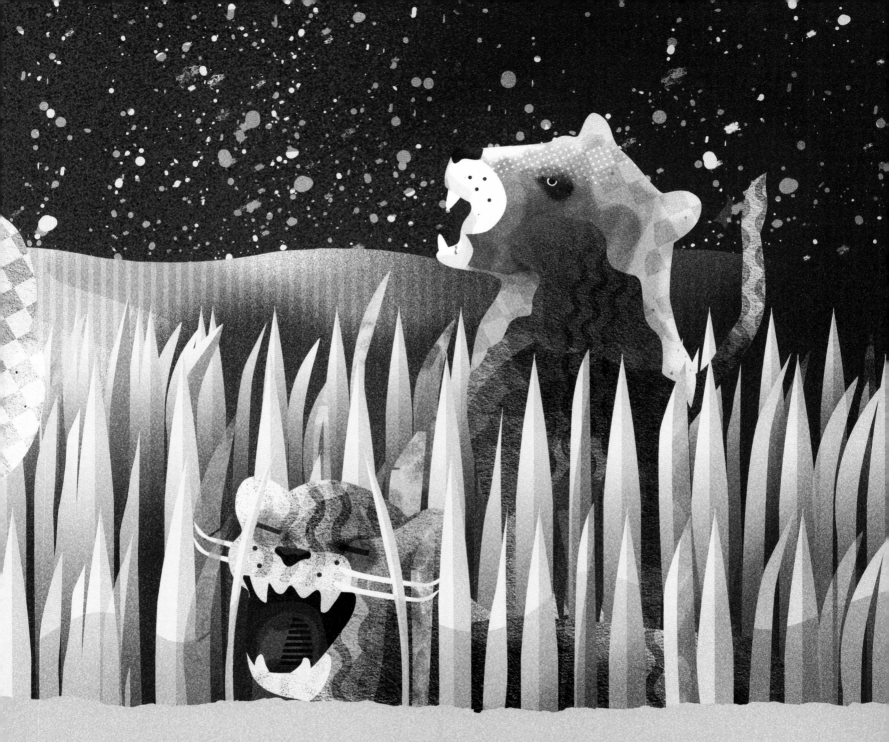

三只狮子在月光下走过来，走过去，抬头对着月亮低声唱："吼——吼——"仿佛在说："月亮，你好！"

夜半时分，天空变得像墨汁那样乌黑乌黑。星星在天上一闪一闪，眨着眼睛。

四只猫头鹰展开翅膀，飞来飞去，抬头对着月亮轻轻唱："咕咕——咕咕——"仿佛在说："月亮，你好！"

夜半之后，黑色的天空中透出一丝微微的光亮。星星在天上一闪一闪，眨着眼睛。

五只猴子攀着树枝荡秋千，他们摇过来，荡过去，抬头对着月亮轻轻唱："唧唧———，唧唧———"仿佛在说："月亮，你好！"

这时的空气凉爽又清新，星星在天上一闪一闪，眨着眼睛。

六只马来熊东闻闻，西嗅嗅，抬头对着月亮轻轻唱："呼噜噜——
呼噜噜——"仿佛在说："月亮，你好！"

黎明之前，天色已经蒙蒙亮，星星在天上一闪一闪，眨着眼睛。

七只考拉慢悠悠地爬上树梢，慢悠悠地抬起头，对着月亮慢悠悠地轻轻唱："呜呜——，呜呜——"仿佛在说："月亮，你好！"

这时的南极，平静又美好，星星在天上一闪一闪，眨着眼睛。

八只企鹅摇摇晃晃，从远处走过来，抬头对着月亮轻轻唱："嘎嘎——嘎嘎——"仿佛在说："月亮，你好！"

黎明时分，夜晚就要离开，白天就要到来。星星在天上一闪一闪，眨着眼睛。

　　九只猫鼬在月光下你追我赶，开心地玩耍。他们抬头对着月亮轻轻唱："叽喳——叽喳——"仿佛在说："月亮，你好！"

日出时分，太阳就要升起来了，星星还在天上一闪一闪，眨着眼睛。

十只牛蛙在池塘边蹦蹦跳跳，抬头对着月亮轻轻唱："呱——呱——"仿佛在说："月亮，你好！"

夜晚一到，大地就会安安静静地入睡。

可是，在夜晚的每时每刻，大地上都会有小动物对着月亮轻轻唱：
"月亮，你好！"

图书在版编目（CIP）数据

月亮，你好 /（澳）沙利·摩根（Sally Morgan）著；
余治莹译. -- 西安：未来出版社，2018.6
ISBN 978-7-5417-6546-9

Ⅰ.①月… Ⅱ.①沙… ②余… Ⅲ.①月球—普及读
物 Ⅳ.①P184-49

中国版本图书馆CIP数据核字（2018）第054379号

月亮，你好　YUELIANG NIHAO

文/图：［澳］沙利·摩根　译：余治莹

著作权登记号：25-2017-0137
出 版 人：李桂珍
选题策划：赵向东　高　琳
丛书统筹：高　琳
责任编辑：高　琳
排版制作：未来图文工作室
出版发行：陕西新华出版传媒集团　未来出版社
社　　址：西安市丰庆路91号
邮政编码：710082
电　　话：029-84287959　84289199
经　　销：全国各地新华书店
印　　刷：深圳当纳利印刷有限公司
开　　本：787 mm × 1092 mm　1/12
印　　张：2.5
版　　次：2018年6月第1版
印　　次：2018年6月第1次印刷
书　　号：ISBN 978-7-5417-6546-9
定　　价：38.00元